Allgemeine Uebersicht

der

Befestigungs-Manieren,

seit

der Einführung der Feuergeschütze;

in einer Tabelle.

Mit

einer historischen Einleitung.

Berlin,

in der Neuen Societäts-Verlags-Buchhandlung

1815.

Vorrede.

Kein Theil der Kriegswissenschaft ist so häufig bearbeitet worden, als die Festungsbaukunst, über die seit Erfindung der Feuergeschütze mehr als fünfhundert gedruckte Werke erschienen sind, deren Verfasser größten Theils die Fehler und Schwächen der von ihren Vorgängern angegebenen Festungen aufdeckten, und die von ihnen erfundenen Umrisse als die einzigen vortheilhaften anpriesen. Durch meine Bearbeitung der Geschichte der Kriegskunst veranlaßt, alle ältern und neuern Schriften der Kriegsbaumeister zu lesen, um die verschiedenen Momente des wirklichen Fortschreitens der Kunst aufzufassen; sonderte ich die Schriftstellen, welche wirklich neue Ideen darbieten, von denjenigen ab, die bloß die eben gangbare Manier zu machen lehren. So entstand gegenwärtige Uebersichts-Tafel, die im allgemeinen die Haupteigenschaften der Befestigungsmanieren andeutet, und dadurch einen Ueberblick der Ideen ihrer Urheber gewähret. Jene Haupteigenschaften sind: die Oeffnung und Größe der Bollwerke, wie der sie verbindenden Kurtine; oder aber die, von dem bestimmten Systeme abweichende Tenaillenform des Umrisses; das Dasein einer Faussebray und Nebenflanke; die Einrichtung des bedeckten Weges; die Menge und Beschaffenheit der Außenwerke; und endlich die Verstärkung durch Kasematten und durch innere Vertheidigung. Diese constituiren den Unterschied der Befestigungswerke, nach welchem dieselben klassificiret werden können, und ich glaube um so mehr, hier keine ganz undankbare Arbeit unternommen zu haben, als nur wenige durch ihre Lage in den Stand gesetzt sind, die frühern Arbeiten der Ingenieure zu sehen, von denen ein Theil kaum noch in einzelnen großen Bibliotheken zu finden ist, von einem andern aber nicht einmal die Namen mehr existiren.

v. Hoyer,
Königl. Preußischer Oberster
im Ingen. Korps;
vormals Sächs. Pont. Commandant.

Allgemeine Uebersicht der Befestigungs-Systeme.

Als die Menschen sich in Gesellschaften vereinten, um gemeinschaftlich durch Jagd oder Ackerbau für ihren Unterhalt zu sorgen; ward ihnen auch das Bedürfniß fühlbar, ihr Eigenthum, ihre Familien, gegen die Anfälle eines raubsüchtigen Nachbars zu sichern. So entstand, durch die — in den frühern Zeiten allerdings höchst einfachen — Umschließungen der Wohnplätze, die Befestigungskunst Die Bäume des Waldes, das erste Material zum Hüttenbau, boten sich von selbst, als Pallisaden dicht neben einander gereihet, zu Abhaltung des vielleicht überlegenen Feindes dar. Auf diese Weise waren die Wohnplätze der rohen Völker geschützt; so waren es auch die der Einwohner Westindiens, als die Europäer zuerst ihre erhöhete Kriegskunst und ihre vervielfachten Angriffsmittel dahin brachten.

Der Handel und der mit ihm gleichen Schritt haltende Luxus schuf bald größere Städte, deren Bewohner sich durch Künste und Handwerke Reichthümer erwarben, und deshalb einer stärkern Schutzmauer gegen den kriegerischen Feind bedurften, in dessen Hand besonders das Feuer jenen aus Holz bestehenden Umschließungen schnelle Zerstörung drohete. Man glaubte diese Sicherheit in den Stadtmauern zu finden, deren Breite und Höhe sich in der Folge der Zeit mehr und mehr vergrößerte, so wie die Baukunst stieg, und so wie die mittlerweile schon ziemlich vervollkommneten Kriegsmaschinen einen kräftigern Widerstand erforderten. Die Mauern von Ninive waren 30 Fuß, und die von Babylon 70 Fuß dick, und wahrscheinlich in ihrem Innern mit unbehauenem Steinwerk oder mit Erde gefüttert. Sie wurden durch runde, anfangs massive Thürme vertheidiget, die eine Pfeilschußweite (150 Schritt) aus einander standen, und deren auf vorspringenden Kragsteinen ruhende Zinnen Gelegenheit darboten, den stürmenden Feind von dem Fuße des Thurmes abzutreiben. Um zugleich das Heranbringen der Sturmdächer — unter deren Schutz man mit dem Sturmbock die Mauern einstürzte — und der Wandelthürme zu verhindern, zog man späterhin auch einen Graben herum, der nun erst mit Erde, Steinen und Faschinen ausgefüllet werden mußte, ehe man an der Zerstörung der Mauer selbst arbeiten konnte. An dem Angriff zugänglichen Orten war die letztere gewöhnlich mehrfach hinter einander aufgeführet, so daß die vordern Einfassungsmauern von den hinter ihnen liegenden überhöhet wurden, um beim Sturm die Angriffskolonnen mit Pfeilen von den höhern Mauern beschießen zu können.

So lange man bloß durch abgeschossene große Pfeile und geworfene Steine die Vertheidiger von den Mauern vertreiben konnte, und genöthiget war, ungeheuere Wandelthürme zu erbauen, um den Angriff vermittelst der in ihren obern Stockwerken befindlichen Schützen zu begünstigen, während die unten angebrachten Sturmböcke den Fuß der Stadtmauer zertrümmerten; waren die oben erwähnten Befestigungswerke zu einem kräftigen Widerstande mehr als hinreichend. Als aber nach der Erfindung des Schießpulvers eiserne Kugeln aus großer Ferne mit fürchterlicher Gewalt gegen die Stadtmauern geschossen wurden, und diese beim Einstürzen den Graben ausfüllten, bedurfte es jener weitläuftigen Belagerungsarbeiten, der Terrassen, der Wandelthürme ꝛc. nicht mehr, obgleich die ehemaligen alten Thürme durch ihre feste Bauart dem stärksten und anhaltendsten Kanonenfeuer auf eine fast wunderbare Weise widerstanden. Um dem Angriff eine gleiche Vertheidigung entgegen zu setzen, mußte man Geschütz auf die Mauern stellen können, zu welchem Ende man sie durch hinten angeschüttete Erde breiter, zugleich aber die Thürme niedriger und größer machte, damit sie in ihrem innern Raume ebenfalls Geschütz fassen konnten. So entstanden die Rundele, die man nur noch an einigen alten Festungen in Ungarn und in der Türkei findet, und die der Maler Albrecht Dürer, der erste systematische Schriftsteller von der Kriegsbaukunst, beschreibt. Weil jedoch diese Rundele nur Ein Geschütz zur Bestreichung des Grabens vor der Kurtine anzuwenden verstatteten, veränderten die italiänischen Baumeister, und zwar wohl zuerst San Micheli von Verona (geboren 1484 und gestorben 1559) ihre Form in die der noch jetzt gewöhnlichen Bastione, deren Flanken eine directe Bestreichung des Grabens vor der Kurtine gewährten, wo man immer noch — wohl mehr aus Gewohnheit als aus Gründen den Uebergang zu unternehmen pflegte. Verona ist unbezweifelt der erste Ort, wo San Micheli Bollwerke mit, theils runden, theils eckigen Flanken anlegte, wie die an den Futtermauern derselben eingehauenen Inschriften beweisen, die vom Jahr 1530 und 1533 sind, während vor dieser Epoche kein Schriftsteller von der erwähnten Form der Bollwerke spricht. Dies wird auch von Giorgio Vasari bestätigt, der den Micheli als den Erfinder der Bollwerke und der mehrfachen Flanken angiebt. Nächst Verona, hat dieser Kriegsbaumeister Legnago, Orzinovo, Marano befestiget, und Brezzia, Padua, Peschiera, Chiusa, die Festungen Dalmatiens, vorzüglich aber Korfu und Kandia verbessert, und das Kastel St. Andrea del Lido, ohnweit Venedig, auf einen wässerigen und sumpfigen Boden massiv erbauet. Man bezweifelte daher auch anfangs die Festigkeit der Wälle dieses Ortes, und glaubte, sie würden durch die Erschütterung des darauf stehenden Geschützes einsinken, bis ein auf Verlangen des Baumeisters mit sehr schweren Kanonen angestellter Versuch den Ungrund dieser Besorgniß, und die Kunsterfahrenheit des Erbauers beurkundete. Bald folgten die andern Kriegsbaumeister San Michelis Beispiele, und versahen alle von ihnen befestigte Orte mit Bollwerken, deren Flanken sie verdoppelten und in die Kehle zurückzogen, um sie vor den Schüssen des Belagerers zu sichern und zur Vertheidigung des Grabens aufzubewahren. Die Bollwerksohren oder Orillons, erwähnet Pietro Catamo und nach ihm Marchi, welcher letztere auch einwärts gekrümmte Flanken vorschlägt, um dadurch mehr Raum für das aufzustellende Geschütz zu bekommen. Von Außenwerken kannte man nur das Ravelin — von dreieckiger Form, oder wohl auch als geschobenes Viereck — um das in der Kurtine liegende Thor zu decken. Zu Einführung des bedeckten Weges scheint wohl die Belagerung von Wien 1529 Anlaß gegeben zu haben, wo die Belagerten bei einem Ausfall so heftig von den Türken gedrängt wurden, daß sie genöthiget waren, in den trocknen Graben zu springen, wo die Letzten sich auf die Spieße der Ersten stürzten, weil man ihnen das Thor nicht öffnen und sie auch nicht durch das Geschütz des hohen Walles vertheidigen konnte. Um die Futtermauern dem feindlichen Geschütz zu entziehen, machte man die Wälle niedriger, und suchte die Ueberhöhung des umliegenden Terrains durch — bald mitten auf die Kurtine, bald auf die Bollwerke gelegte **Kavaliere** oder Katzen zu erreichen. Man findet diese Form an allen bis gegen das Ende des siebenzehnten Jahrhunderts erbaueten Festungen, wie Verona, Mantua, Mailand, Bologna, Antwerpen, Jülich, Düsseldorf, Spandau, Dresden ꝛc. denn noch in der zweiten Hälfte des sechzehnten J. wurden mehrere große Städte Deutschlands mit Mauern und runden oder eckigen Thürmen nach der alten Art befestiget. Wirklich erbauete Außenwerke finden sich — außer dem vorerwähnten Ravelin — nirgends, obgleich Marchi schon in seinem 1599 zu Bologna gedruckten Werke, die später erst von den Franzosen aufgebrachten halben Monde, Contregarden, Brillen und Couvrefacen beschreibt, und sie mit dem Namen Pontone und Aloni belegt. Ihre Anwendung fanden überhaupt die Außenwerke zuerst durch den Niederländischen Commandanten von Steenwick 1592 im großen Niederländischen Kriege, wo der bis dahin friedliche Niederländer Spaniens eisernes Joch abwarf, und durch Muth und Energie ersetzte, was ihm seine dürftigen Hülfsquellen versagten. Das Bedürfniß, in kurzer Zeit vorher unbefestigte Städte zu befestigen, oder die zu schwach befestigten zu verstärken, verbunden mit der Unmöglichkeit, die zu den Futtermauern nöthigen Steine zu finden, nöthigten zu dem bloßen Erdbau, dessen sich Graf **Heinrich von Nassau** wahrscheinlich zuerst bei Breda 1533 bedienet hat. Anstatt der, von den Italiänern vorgeschlagenen Mauer am innern Rande der Lünette, legte man eine Faussebray vor den Hauptwall, indem man zugleich den bedeckten Weg durch einen Vorgraben und durch Pallisaden verstärkte, auch nicht nur alle ältern Festungen mit Außenwerken versahe, sondern auch bei jeder neuen Belagerung die Zahl derselben vermehrte. So erhielt Breda, das am Hauptwalle funfzehn Bastione und drei halbe Monde, vor demselben aber funfzehn Raveline und fünf Hornwerke hatte, noch wegen der bevorstehenden Belagerung fünf Kronwerke und vier kleinere Hornwerke. Der thätige Antheil, welchen, in diesem mit so großer Erbitterung geführten Kriege, die Einwohner der belagerten Städte an ihrer Vertheidigung nahmen, erlaubte die weitläuftigen Außenwerke mit hinreichender Besatzung zu versehen, und sie gewährten dann allerdings den Vortheil, die Annäherung des Feindes zu erschweren und die Dauer der Belagerung zu verlängern. Allein, jetzt, wo man sich in Absicht der Vertheidigung auf die Besatzung allein beschränken muß, würde nothwendig eine zu große Menge Außenwerke die letztere zu sehr schwächen, und den Widerstand der Festung selbst entkräften.

Obwohl die oben erwähnte Befestigungsweise eigentlich nur dem flachen, wasserreichen Boden der Niederlande angemessen war, fand sie doch — theils wegen ihrer geringern Baukosten, theils auch wegen des langen Widerstandes der nach ihr erbaueten Festungen — so allgemeinen Beifall, daß ohne die Dazwischenkunft des dreißigjährigen Krieges in Deutschland gewiß mehrere Orte auf diese Weise befestiget worden wären. Allein die schnelle Verbreitung dieses Krieges gestattete überall keine weitläuftigen Anstalten; die bloß mit Mauern und Thürmen umschlossenen Städte durch einige, gut oder schlecht angelegte Außenwerke zu verstärken, war das Ziel des höchsten Bestrebens der Kunst. Wirklich reichte man auch bei den geringen Mitteln, die damals dem Angreifer zu Gebote standen, damit aus, und manche Stadt leistete einen bei weitem längern Widerstand, als man unter diesen Umständen hätte erwarten sollen.

Tartalea hatte schon die Idee gehabt: die Kurtine in der Mitte zu brechen, um dadurch den Raum vor der Bollwerksspitze zu bestreichen; worin ihm Busca, Castriotto und Alghisi folgten. Die Deutschen waren mittlerweile nicht müßig gewesen, und, den uns von Spekle aufbewahrten Verhandlungen über den Bau von Antwerpen zu Folge, setzte sich Meister Franz, ein deutscher Ingenieur, sehr gegen die langen Kurtinen der Italiäner, und that sehr zweckmäßige Vorschläge. Allein, diese wurden, wie gewöhnlich, nicht ausgeführt, sondern mußten der einmal gangbaren italiänischen Befestigungsart weichen. Es dauerte jedoch lange, ehe die Deutschen selbst etwas über den Festungsbau schrieben. Walther Rivius wich in Nichts von den Vorschriften der Italiäner ab, war auch selbst kein Ingenieur; Spekle (1589) hingegen deckte die Fehler der allgemein gangbaren Manier auf, und schlug Verbesserungen vor, die von Kopf und Nachdenken zeugen. Alle diese Kriegsbaumeister setzten ihre Flanken senkrecht auf die Kurtine; Gerhard von Herzogenbusch aber richtete sie von der inwendigen Seite der Façen auf, und zog dadurch nicht nur seine Bollwerke noch enger zusammen, sondern raubte auch den Flanken beinahe alle Wirksamkeit. Wirklich haben auch alle späteren Kriegsbaumeister den auffallenden Fehler dieser Construction bemerkt und vermieden, indem sie die Flanke, wie vorher, wieder senkrecht auf die Kurtine richteten und durch die Oeffnung des Bollwerkswinkels die Bestreichung desselben durch einen Theil der Kurtine bewirkten, oder die sogenannte Nebenflanke hervorbrachten. Auf diese Art unterschieden sich die bis dahin bekannten Befestigungsmanieren: in die ältere spanische oder italiänische, mit langen Kurtinen und sehr kleinen, stumpfen Bollwerken; in die neuere italiänische oder französische, mit mehr spitzen Bollwerken und einer Nebenflanke; und in die niederländische, fast ohne alles Mauerwerk, mit spitzen Bollwerken, einer Faussebray, und gewöhnlich mit mehreren Außenwerken.

Der Graf von Pagan, der in mehr als zwanzig Belagerungen sich ausgezeichnet, nachher aber das Unglück hatte, in seinem 38. Jahre blind zu werden, wandte nun diese gezwungene Abgeschiedenheit ganz auf die Befestigungskunst, die er auf richtigere Grundsätze zurückzuführen suchte. Er vereinigte daher die gangbarsten Systeme (les fortifications. Bruxelles 1668.), indem er anstatt der niedrigen Faussebray ein zweites Bastion von gleicher Höhe mit dem ersten vor dasselbe legt, und es durch eine Contregarde, so wie die Kurtine durch ein Ravelin deckt. Seine dreifache, und hinter ein Orillon zurückgezogene Flanke stehet dabei zuerst auf der Streichlinie senkrecht, und faßt 15 Kanonen. Er behielt jedoch die schwache Brustwehr und den schmalen Wallgang der Niederländer bei, wodurch er seinem System wieder die Vortheile raubte, welche ihm ein zweckmäßigerer Umriß darboten. Bei den Vorzügen der Construction auf dem äußern Polygon, der geräumigeren Bollwerke, und eines stumpfen Flankenwinkels, der durch die senkrechte Stellung der Flanke auf der Defenslinie erhalten wird, hat dieses System doch den Fehler zu langer Streichlinien, einer sehr verengten Kehle, und einer etwas schwierigen Construction. Auch erfüllen die Flanken ihre Absicht nicht, sondern sind gegen die Wurffeuer unbedeckt, und daher gewiß in dem Augenblick des Sturmes, wie alle offenen Flanken, unbrauchbar. So bekannt sich auch Pagan durch dieses Abweichen von den bisher üblichen Formen der Festungsumrisse machte; blieb er doch weit hinter seinem Nachfolger Vauban zurück, der — wie es scheint, ohne es selbst zu wollen — eine gänzliche Revolution in der Kriegsbaukunst bewirkte, die bis auf die neuesten Zeiten ihren Einfluß behauptet hat. Durch Bekanntschaft mit den Werken der Italiäner (Vaubans Ideen sind größten Theils von Marchi entlehnt), so wie durch eine lange und vielseitige Erfahrung, (er wohnte 140 Treffen und Gefechten bei, dirigirte 53 Belagerungen, bauete 33 neue, und verbesserte über 300 alte Festungen) in den Stand gesetzt, das Bessere von dem minder Guten zu unterscheiden; behielt er im Ganzen die bisherige Befestigungsart bei, und änderte und verbesserte bloß das, was er für schwach und mangelhaft hielt. So entstanden nach und nach seine drei, genugsam bekannten Systeme, deren erstes an den meisten Festungen, das zweite bei Befort und Landau, und das dritte bei Neu-Breisach und an einigen Stellen von Besançon angewendet worden ist. Bei aller Celebrität dieser Systeme, über die ihr Urheber durchaus nichts Schriftliches hinterlassen hat, haben sie doch den wesentlichen Fehler: außer der Brustwehr den Vertheidigern gar keinen Schutz darzubieten, die auf den Linien des bedeckten Weges, so wie auf den Façen der Bollwerke von den Rikoschatschüssen bestrichen, auf den Flanken von denselben Schüssen im Rücken getroffen und durch die Contrebatterien von vorne angegriffen sind, so daß sie sehr bald sich außer Vertheidigungsstand befinden. Die, an die Stelle der Faussebray gesetzte, Grabenscheere hat bei allen Nachtheilen der erstern noch den: daß man zwischen ihr und der neben liegenden Flanke hindurch sehen und die Futtermauer des Hauptwalles beschießen kann. Die fünfeckigen, sogenannten Bollwerksthürme, die Vauban später hinzugefüget hat, sollen zwar eine gedeckte Vertheidigung des Grabens erhalten; allein, die darin angelegten Kasematten sind zu klein und enge, um noch, außer der oben erwähnten Bestreichung des Grabens, zu irgend etwas dienen zu können. Der ihnen so lange gemachte Vorwurf der Unbrauchbarkeit durch den darinnen verweilenden Rauch der abgefeuerten Geschütze, ist jedoch bei den neuerdings in Frankreich angestellten Versuchen als ungegründet erkannt worden.

Es ist auffallend, daß Vauban, bei seinen großen Verdiensten um die Belagerungskunst, wo man ihm die Erfindung des Schleuderschusses, und die verbesserte Einrichtung der Laufgräben und Parallelen verdankt, wodurch er Ath 1697 in 13 Tagen eroberte, jenem Mangel der von ihm angelegten Festungen nicht abzuhelfen gesucht hat; besonders da er sahe, welche große Mittel sein Zeitgenosse und Nebenbuhler Cöhorn bei den von ihm geleiteten Belagerungen anwandte. Er scheint jedoch durch den (am 30sten May 1707 erfolgten) Tod davon abgehalten worden zu sein, denn er sagt in seiner Abhandlung über die

Vertheidigung der Festungen: „Als ich über den „Angriff der Festungen schrieb, glaubte ich bei dem glänzen„den Zustande unseres Kriegswesens, den nichts unterbre„chen zu können schien, nie mich mit der Vertheidigung be„schäftigen zu dürfen. Die neuern Ereignisse aber haben „mir die Augen geöffnet; haben mir gezeigt, daß man auf „die Dauer keines irdischen Glückszustandes rechnen könne, „so fest er auch gegründet scheint. Ich habe mich demnach „entschlossen, die gegenwärtige Abhandlung (zu Ende des „Jahres 1706) aufzusetzen und darin alles darzulegen, „was mir eine vieljährige Erfahrung, die Erinnerung frü„herer Ereignisse und die Erfindungskraft als zweckmäßig „darboten. Bei mehrerer Muße würde ich vielleicht etwas „besseres geliefert haben; ich mußte mich aber begnügen, „es zu geben, wie es ist." — Hieraus läßt sich vermuthen: daß Vauban, nachdem er Anleitung zu einer kräftigen Vertheidigung der Festungen gegeben, so wie sie damals waren, gewiß auch Vorschläge zu einer bessern Einrichtung der letztern gethan haben würde, wenn er noch länger gelebt hätte.

Jedoch selbst die Bauart von Neu-Breisach trug den Fehler an sich: 1) daß man von dem Kamme des Glacis zwischen der Grabenscheere und Contregarde hindurch in den Hauptwall Bresche schießen kann, weil die als Flanke zurückgezogene Ecke des halben Mondes diesen Raum nicht verdeckt. 2) Daß die zu niedrige Grabenscheere die Kurtine nicht schützt, so daß wenigstens die Brustwehr der letztern völlig herunter geschossen werden kann. 3) Daß die kleinen Bollwerksthürme oben bloß eine steinerne Brustwehr zulassen. 4) Daß die große Breite des halben Mondes die Errichtung der Breschbatterien auf demselben erleichtert, und das in demselben befindliche Reduit zu einer unbedeutenden Verschanzung macht. Cormontaigne, der sich vorzüglich durch Anlegung der doppelten Kronwerke zu Metz und des einfachen zu Thionville, so wie durch die bei Bitsch angebrachten Außenwerke bekannt gemacht hat, strebte daher Vaubans Ideen zu vervollkommnen. Er vergrößerte demnach den halben Mond, so daß er die Schultern des Bollwerks völlig deckte, weil er ohne Flanken war. Dadurch ward zugleich das darinnen befindliche Reduit geräumiger, und man konnte aus den Flanken desselben in die Bresche schießen. Er machte demnächst die Waffenplätze der eingehenden Winkel des bedeckten Weges größer und versahe sie mit starken Retiraden. Endlich setzte er an die Stelle der engen Bollwerksthürme einen Abschnitt in der Kehle des Bollwerkes, der mit letzterer zugleich erbauet, der Besatzung eine sichere Zuflucht darbot. Diese Anordnungen, die durch den Rang ihres Urhebers ein besonderes Gewicht erhielten, haben, nach dem Ausspruch der französischen Ingenieurs, die Befestigungskunst auf den höchsten Gipfel der Vollkommenheit gebracht, so daß allenfalls nur einige unbedeutende Verbesserungen noch möglich und denkbar sein können, obgleich die Werke noch immer der Wirkung der feindlichen Schleuderschüsse und Bomben ausgesetzt blieben, weshalb auch Bousmard (des Tentatives à faire etc.), die Façen und Flanken seiner Bastione aus krummen Linien zusammengesetzt hat.

Während Vauban in Frankreich sich mit Verbesserung der Umrisse der italiänischen Manier beschäftigte; widmete ein anderer, nicht minder genievoller Mann, der niederländischen seinen Fleiß. Cöhorn befestigte mehrere Orte, vertheidigte Namur 1692 gegen Vauban selbst, und leitete

die

die Angriffe auf Bonn, Trarbach, Limburg, und die Schlösser von Lüttich und Namur. Die Besatzung möglichst, und besser als bisher, gegen das feindliche Feuer zu decken; dem Belagerer den nöthigen Raum zur Anlegung seiner Batterien, so wie die Erde zu seiner Deckung in einem trocknen Graben zu rauben; den Belagerten hinreichenden Raum zur Vertheidigung gegen den, in geringer Zahl anzugreifen genöthigten Feind zu verschaffen; verborgene Vertheidigungsmittel und möglichst bohrende Schüsse gegen die Bresche in Bereitschaft zu haben; starke Ausfälle, so wie offensive Vertheidigung und sichern Rückzug zu erleichtern; endlich den Feind, wenn er in die Werke dringt, von allen Seiten mit einem kreuzenden Feuer zu beschießen: sind die Aufgaben, welche Cöhorn sich zu lösen vorgesetzt hatte. Er versahe zu dem Ende seinen Hauptwall mit einer Fausseбray, die vor den Bollwerken durch die Couvrefaçen, vor der Kurtine aber durch ein Ravelin gedeckt war, daß an der Spitze seines niedern Walles eine Kaponiere, in seiner Kehle aber eine Kaponiere hatte. Die Waffenplätze des bedeckten Weges endlich waren durchgemauerte und pallisadirte Redouten, und durch, unter dem Glacis liegende Kaponiere verstärkt. — Dies sind die Hauptzüge des Cöhornischen Systems, das hauptsächlich in Deutschland vielen Beifall fand, und den meisten Kriegsbaumeistern bei ihren spätern Entwürfen zum Muster diente, während die Franzosen mit sklavischer Nachahmung Vauban und seinem Verbesserer, Cormontaigne folgten, so daß sie sich kaum die Mühe nahmen, die Vorschläge Anderer auch nur eines flüchtigen Ueberblickes zu würdigen. Man kann daher auch mit Grund behaupten: daß in Rücksicht der Befestigungsmanier mit Bollwerken seitdem nichts Neues erschienen ist, obgleich in dem Zeitraume von 1741 bis 1791 nicht weniger als 147 Werke über die Kriegsbaukunst gedruckt wurden. Fast alle sind bloße Modificationen der Ideen Vaubans und Cöhorns, je nachdem ihre Erfinder zu der französischen oder zu der deutschen Schule gehörten.

Ganz von diesen Grundsätzen aber weichen die Tenaillen, oder Zangenwerke ab, die von Alexander von Groote 1618 erfunden, zuerst bei Dilich vorkommen, nachdem man, aus Indolenz und Nachahmungssucht, über ein Jahrhundert lang die Bollwerke als ein unentbehrliches Glied jeder Festung angesehen hatte. Sobald der Belagerer, um sich nicht dem doppelten Flankenfeuer von beiden Seiten auszusetzen, den Angriff nicht mehr gegen die Kurtine, sondern gegen die Bollwerke selbst richtete, hörte diese von den alten Thürmen hergenommene Form auf, vortheilhaft zu sein. Sie war jetzt nur noch in dem Maße brauchbar, als sie durch lange Façen und Flanken ihre Zange weit in das Feld vorstreckte, und dadurch die feindlichen Belagerungsarbeiten umfaßte, wie sehr deutlich aus den neuern Verbesserungen des bastionirten Systems hervorgeht, wo Flanken und Kurtine beinahe nichts sind, und alles sich um die wechselseitige Vertheidigung der Façen des Bollwerkes und des halben Mondes drehet. Diese Eigenschaft findet sich nur an der Tenaille, die durch die Verbesserungen Suttingers, Werthmüllers und vorzüglich Landsbergs, eine weit größere Widerstandsfähigkeit bekam, als sich bei allen Manieren mit Bollwerken jemals erreichen ließ. Indem die Verbesserer dieses Systems einen verständigen Gebrauch von den Kasematten machten, um das Geschütz und die Vertheidiger der Festung gegen die feindlichen Wurffeuer zu sichern, und den Gebrauch des erstern für die spätere Epoche der Belagerung zu erhalten, wo das bastionirte System, nach der Ankunft des Belagerers auf der Kontrescarpe, ihm nichts als die Dicke der Wälle und die Festigkeit der Futtermauern entgegen zu setzen vermag; erwarben sie ihm den Beifall aller Ingenieure, die nicht an den Formen eines angenommenen Systems hängen, sondern das Bessere von dem Guten zu unterscheiden wissen. An mehreren, in Deutschland neuerbaueten Festungen ist der Hauptumriß ein Zangenwerk, durch Couvrefaçen und halbe Monde verstärkt, welche letztere bisweilen auch detachirte Bollwerke vorstellen. Nur die Franzosen, unbekannt mit den Erfindungen der Ausländer, wagten es nicht, sich von Vaubans Vorschriften zu entfernen, und jeder helle Kopf, der den einmal betretenen Weg verlassen wollte, ward allgemein verketzert; wie dies der Fall mit Montalembert war, dessen Namen weder Saint Paul noch Bousmard erwähnet, und auf dessen Ideen letzterer nur im Vorbeigehen anspielt. Ja, einer seiner vornehmsten Widersacher ging selbst so weit, zu behaupten: „jede neue Idee in der Befestigungskunst „sei nur ein Beweis von der Unwissenheit ihres Urhe„bers.“ Zwar wird diesem Systeme, und nicht ohne allen Grund, der Mißbrauch der Kasematten vorgeworfen, die eine ungeheuere Menge Geschütz und eine noch ungeheuerere Menge Pulver erfordern; allein, theils ist es eben nicht nothwendig, alles Geschütz wirklich in der Festung zu haben, das sich auf ihren Wällen anbringen läßt; theils ergiebt sich aus der Vergleichung eines nach dieser Manier befestigten Ortes mit Neu-Breisach, daß jener 80230 Toisen Raum einschließt, auf einer Fronte 5175 Toisen Mauerwerk erfordert, und 632 Geschütze verdeckt aufnehmen kann, während Neu-Breisach nun 55362 Toisen enthält, 7781 Toisen Mauerwerk nöthig macht, und 285 Kanonen auf dem Walle, hingegen nicht mehr als 10 Kanonen verdeckt zu stellen erlaubt.

Bei allen Befestigungsmanieren wird das Bestreichen der dem feindlichen Angriff ausgesetzten Punkte, als ein Haupterforderniß angesehen. Die Kriegsbaumeister haben alle Erfindungskraft aufgeboten, dieser Bedingung ein Genüge zu leisten; haben nicht selten ihre Entwürfe deshalb mit mancherlei Werken überhäuft, oder ihnen seltsame Formen und Lagen gegeben, so daß sie nach ihrer Eroberung den Belagerten selbst nachtheilig wurden, und man darauf denken mußte, sie in diesem Falle ganz oder zum Theil hinweg zu schaffen. So entstanden die sogenannten Demolitions-Systeme, deren vorliegende Werke und Flanken auf verborgenen Brücken oder Fußboden über Gräben ruhen, in die man sie nachher hinabstürzen lassen kann; oder die mit dazu eingerichteten Minen versehen sind, um sie nöthigen Falles hinweg zu sprengen. Sie verstatten gewöhnlich zugleich Rückenvertheidigung, theils aus den Kehlen der anliegenden Werke, theils aus ihren Flanken durch die Anordnung des ganzen Systems, theils endlich durch die Lage dazu bestimmter Kasernen oder wohl auch der Quartiere der Stadt, die eine bis zu dem letzten Momente fortdauernde Vertheidigung gestatten. In diese Kathegorie sind auch diejenigen Festungen zu setzen, die aus einander vertheidigenden, einzelnen geschlossenen Forts bestehen, und den Feind nöthigen sollen, eins nach dem andern mit bedeutenderen Verlust zu erobern.

Ganz von den Systemen, mit denen wir uns bis jetzt beschäftiget haben, weichen die runden Festungsumrisse ohne alle Flanken ab. Nach den Beispiel der Alten haben zwar Clairac, Struensee, Le Cointe, Cugnot und Stalswerd die runde Form für die Feldbefestigungen empfohlen; allein, Festungen von dieser Gestalt haben nur von Steuben und Cugnot vorgeschlagen. Beide verwarfen das Flankenfeuer, und daher auch alle Außenwerke, die bloß zur Begünstigung des Seitenfeuers erfunden und angelegt worden sind. Die Stärke ihrer Entwürfe beruhet einzig und allein auf mehrfachen Gräben und sehr dicken Wällen. Andere Ingenieure wenden den Kreis bloß bei dem Hauptumriß ihrer Festung an, den sie alsdann durch vorgelegte Werke von mancherlei Form und Größe bestreichen. So hat Bilfinger um seinen kreisförmigen Hauptwall abgesonderte Bollwerke mit sehr langen Flanken gelegt, die völlig von einer Tenaille umschlossen werden. Schneider macht ebenfalls den innern Raum rund, legt abgesonderte Bollwerke und halbe Monde davor, und umfaßt alles wieder mit einer kreisförmigen Enveloppe. Auch Pirscher legt seine Außenwerke um einen Kreis herum, so daß sie einander wechselseitig bestreichen und auch durch hinterwärts angebrachte Batterien sich in der Kehle beschießen.

Alle diese verschiedenen Manieren der Kriegsbaumeister lassen sich nun in Absicht der Form und Austheilung ihrer Werke auf mancherlei Weise klassificiren. Sieht man bei der Eintheilung bloß auf den Umriß, so ist derselbe: 1) mit Bollwerken, welche durch Kurtinen zusammen hängen; 2) bloß von Kurtinen umschlossen, vor denen abgesonderte Bollwerke liegen; 3) dieselbe Disposition, doch dergestalt, daß alle Werke sich sowohl auswärts gegen das Feld, als einwärts gegen die Stadt vertheidigen; 4) die Manieren mit Demolition, wo die vorliegenden Werke durch ihre besondere Einrichtung zusammenstürzen, wenn der Feind im Begriff ist, sich ihrer zu bemeistern; 5) Tenaillen, theils mit, theils ohne Außenwerke; 6) rund, und ebenfalls entweder durch vorliegende besondere Werke bestrichen oder nicht. Eine andere einfachere Eintheilung wäre: a) in die Manier mit Bollwerken; b) in die mit abwechselnd vorspringenden und eingehenden Winkeln; c) in die aus diesen beiden zusammengesetzten Umrisse; d) in die bloß kreisförmigen Befestigungen.

Nimmt man bloß auf die Lage der Außenwerke Rücksicht, so sind sie entweder 1) nach der gewöhnlichen Art eingerichtet, daß die nahe liegenden einander wechselseitig bestreichen, und daß sie von den Hauptwerken überhöhet und vertheidiget werden; 2) oder sie bilden rings um die Festung einen zusammenhängenden Mantel; 3) Sie sind dergestalt gebauet, daß sie durch verborgene Gräben oder durch Minenkammern hinweggeschafft werden können, um den hinter ihnen liegenden Werken freie Aussicht auf die feindlichen Arbeiten zu verschaffen, dem Belagerer aber keinen Raum zu Anlegung der Breschen und Kontrebatterien zu lassen. 4) Diejenigen, welche durch ihre Lage entweder aus ihren Kehlen oder von ihren zurückgezogenen Flanken, andere von dem Feinde angegriffene Werke rückwärts und seitwärts beschießen können.

Diejenige Eintheilung der Festungen, welche zugleich eine systematische und historische Ansicht zu gewähren scheint, und die daher auch bei der allgemeinen Uebersichts-Tafel zum Grunde gelegt worden ist, beruhet theils auf der Oeffnung der bestrichenen Winkel, theils auf der Gestalt der Flanken, oder vielmehr auf der größeren oder geringeren Seitenvertheidigung, welche die Linien des Umrisses einander gewähren. Nach ihr ließen sich alle Befestigungen, die seit Einführung der Pulvergeschütze angelegt worden sind, eintheilen: 1) In die alte spanische Manier, mit langen Kurtinen, kleinen, stumpfwinkligen Bollwerken, und kurzen, zurückgezogenen Flanken. 2) In die italiänische, mit längeren Flanken, die ebenfalls auf die Kurtine senkrecht standen, und bald mit spitzen, bald mit stumpfen Bollwerken, die noch von einem Theile der Kurtine bestrichen werden, oder eine sogenannte Second-Flanke haben. 3) In die niederländische, mit spitzen Bollwerken, einer Faussebray, und sehr häufig, mit einem, die ganze Festung umschließenden Mantel. Aus diesen dreien sind nachher durch perpendiculare Stellung der Flanken auf die Streichlinie, die französische und die deutsche hervorgegangen, wo in jener besonders Pagans, Vaubans und Cormontaignes Umrisse bekannt worden sind, während die deutsche sich — obgleich mit größeren oder geringeren Abweichungen — auf Cöhorns Ideen gründet. 4) Die Tenaillenwerke, die durch Montalembert einen vorzüglichen Ruf erlangt haben, obgleich früher schon Werthmüller, Landsberg u. a. in dieser Art beinahe nichts mehr zu thun übrig lassen. 5) Diejenigen Umrisse, die aus einzelnen Forts bestehen, die zwar ein geschlossenes Ganzes bilden, aber sich jedes besonders zu vertheidigen im Stande sind, um den Feind zu nöthigen, sie nach und nach anzugreifen, und sie einzeln zu erobern. 6) Endlich, die in keine der vorhergehenden Kategorien gehörenden Festungen, wie z. B. die kreisförmigen und Rhana's, die alten Waffen darstellenden Werke.

Alle diese so verschiedenartigen Umrisse decken 1) entweder ihre Vertheidiger bloß gegen das horizontale Feuer des Feindes, oder sie sichern 2) dieselben auch gegen die von demselben geworfenen Körper. Da nun aber die kräftige Vertheidigung eines befestigten Ortes sich nur bei möglichster Sicherheit gegen die feindlichen Projectilen jeder Art gedenken läßt, so folgt daraus: daß nur die zweite Eigenschaft allein einer Festung die gehörige Stärke zu geben vermag, und daß nur allein Unbekanntschaft mit allem, was nicht aus ihrer Schule kommt, oder blinde Parteisucht, die französischen Ingenieure den unbestreitbaren Nutzen zweckmäßig angelegter Defensiv-Kasematten ableugnen machen konnte. Wenn man die durchaus nothwendigen Bedingungen einer guten Befestigung aufstellt: 1) Unzugänglichkeit gegen jede Art des Angriffes; 2) möglichste Vereinfachung und Erleichterung des Gebrauches der Vertheidigungsmittel; 3) das Minimum des Aufwandes, womit sich diese Absichten erreichen lassen: ist vollkommene Sicherheit der activen und passiven Vertheigung gegen die Wirkung der Pulvergeschütze, die Hauptbedingung. Es würde vergebens sein, die Hindernisse der feindlichen Annäherung zu vermehren, sobald der Belagerer Gelegenheit findet, die Vertheidigungsmittel von vorne zu zerstören, oder den Belagerten seiner Munitionsvorräthe und seiner Lebensmittel zu berauben, ohne die selbst eine an ihren Werken noch unberührte Festung augenblicklich übergeben werden muß. Man kann in der That den Grundsatz aufstellen: daß die einfachsten Umrisse, sobald sie vorher die angeführten Bedingungen erfüllen, auch den stärksten Widerstand gewähren, und daher andern künstlichern vorzuziehen sind. Es scheint öfters ein Ort wegen seiner, einander wechselseitig bestreichenden und vertheidigenden Werke, ganz besonders fest zu sein, und dennoch

noch widerspricht die Erfahrung diesem günstigen Vorurtheil. Sein Widerstand ist von viel kürzerer Dauer, als der eines andern, minder starken Ortes, dessen Besatzung entschlossen und thätig genug ist, um keins der sich ihr während der Belagerung darbietenden Mittel ungenutzt zu lassen, durch welche sie den feindlichen Angriff theils zurückweisen, theils die Fortschritte des Belagerers beträchtlich verzögern kann. Zwar hat eine mißverstandene Berechnung Vaubans über die mögliche Dauerzeit der Belagerung einer Festung, um ihre Versorgung mit Mund- und Kriegsvorrath darauf zu gründen, zu der von den französischen Ingenieurs sogenannten Analysin der Festungen Gelegenheit gegeben. Allein es treten bei ihr tausend Umstände ein, die es durchaus unmöglich ist, mit in die Rechnung aufzunehmen und durch Zahlen auszudrücken, obgleich sie die Dauer des wirklichen Widerstandes um mehr als das Vierfache verlängern oder auch wohl abkürzen können. Die Unbrauchbarkeit jeder auf diese Berechnung gegründeten Vergleichung des relativen Werthes befestigter Fronten gehet daraus zur Genüge hervor; auch ward sie von Grenier und Fourcroy bloß aufgestellt, um Montalemberts Vorschläge zu unterdrücken, weil sie gegen die Unfehlbarkeit Vaubans und Cormontaigne's sprechen, die in der Schule von Mezières einmal als unbestreitbar angenommen war.

Literarische Anzeige.

Die unterzeichnete Buchhandlung hat sich vorgesetzt, bei ihrer Grundlegung das militairische, thierärztliche und ökonomische Bücherfach vorzüglich zu berücksichtigen, und zu dem Ende sich mit einem Sortiment zu versehen.

1) Von kriegswissenschaftlichen und kriegsgeschichtlichen Werken aus den ältern und neuesten Zeiten; sie wird hierin Vollständigkeit und Vorzüglichkeit zu vereinigen suchen, und dadurch den hier anwesenden Militairen und den Freunden der militaischen Literatur Gelegenheit darbieten, das sogleich erhalten zu können, was sie suchen und wünschen, wobei besonders der Vortheil wichtig ist, daß ein jeder sich von dem Inhalt nnd Werthe eines Buchs selbst überzeugen kann und nicht genöthiget ist, das von auswärts verschriebene, seiner Erwartung nicht entsprechende Buch wider seinen Willen zu behalten.

2) Eben so wird auch die unterzeichnete Handlung ein vollständiges Lager von ältern und neuern Werken halten, welche die Thierarzneikunde, die Ge-

stütkenntniß und die Reitkunst betreffen: und endlich wird sie

3) eine vollständige Sammlung von ökonomischen Schriften, die Landwirthschaft, Viehzucht, Haushaltungskunst betreffend, so wie von forst- und jagdwissenschaftlichen Werken anlegen.

Sie schmeichelt sich, indem sie sich diesen Fächern vorzugsweise widmet, einem großen Bedürfnisse abzuhelfen, und den Bücherfreunden einen wichtigen Dienst zu leisten.

Die Neue Societäts-Buchhandlung.

	Namen der Kriegsbaumeist.	Fronte der Bollwerke.	Beschaffenheit der Flanken.	Sie haben Orillons.	Gesta[lt] der Kurti[ne]
	Albr. Dürer 15-7.	sehr große Rundele.	—	—	gerad[e]
Spanische Manier.	Tartalea 1538.	stumpf mit einem Kavalier und klein.	perpendic auf der Kurtine, und retirirt.	ja.	gerade m[it] einem K[ava]lier.
	da Carpi 1570.	stumpf und klein mit einem Kavalier.	desgl. und doppelt.	ja.	einwärts [ge]brochen
	Castriotto 1584.	stumpf und detachirt. mit Rundel dahinter.	desgl.	—	gerade m[it] Flanken
	Delici. 15-8.	stumpf und klein.	desgl.	ja.	gerade
	Busca 1601	mehr spitz mit Kavalier	desgl.	ja.	gerade
Italiänische.	Spekle 1589.	stumpf und klein.	desgl.	ja.	desgl.
	Marchi 1599.	mehr spitz und doppelt stumpf.	desgl. desgl.	ja.	gerade, mit Kav[alier]
	Floriani 1630.	sehr stumpf und flach.	desgl.	ja.	gerade
	Donato Rosetti 1678.	stumpf.	desgl. die obere concav.	ja.	gerade
Niederländische.	Marolois 1615.	spitzwinklig mit sehr enger Kehle.	perpendic. auf der Kurtine, retirirt, doppelt.	ja.	gerade.
	Freytag 1635.	spitzwinklig, sehr groß.	gerade.	nein.	gerade.
	Melder 1664	spitzwinklig.	desgl.	—	gerade.
	Völker.	spitz und weit vorspringend.	retirirt und dreifach.	ja.	desgl.
	Rusenstein 1670.	rechtwinklig.	perpendic auf der Defensl. und vierfach.	—	desgl.
	Scheither 1672.	stumpf mit retirirter Festung.	desgl. dreifach.	—	vorspringend.
	Neubauer 1673.	stumpf mit großem Abschnitt und Donjeon.	schräge und vierfach.	—	gerade.